BEI GRIN MACHT SICH IHR WISSEN BEZAHLT

- Wir veröffentlichen Ihre Hausarbeit,
  Bachelor- und Masterarbeit

- Ihr eigenes eBook und Buch -
  weltweit in allen wichtigen Shops

- Verdienen Sie an jedem Verkauf

Jetzt bei www.GRIN.com hochladen
und kostenlos publizieren

Patrick Wenz

Naturräumliche Gliederung der Karibik und Südamerika, Geologie, Vulkanismus, Erdbeben

GRIN Verlag

Bibliografische Information der Deutschen Nationalbibliothek:

Die Deutsche Bibliothek verzeichnet diese Publikation in der Deutschen National-
bibliografie; detaillierte bibliografische Daten sind im Internet über http://dnb.d-
nb.de/ abrufbar.

Impressum:

Copyright © 2011 GRIN Verlag GmbH
Druck und Bindung: Books on Demand GmbH, Norderstedt Germany
ISBN: 978-3-656-28369-0

Dieses Buch bei GRIN:

http://www.grin.com/de/e-book/201885/naturraeumliche-gliederung-der-karibik-
und-suedamerika-geologie-vulkanismus

Naturräumliche Gliederung

der Karibik und Südamerika

Geologie, Vulkanismus, Erdbeben

Johannes Gutenberg Universität Mainz, Geographisches Institut
Regionalseminar Große Exkursion Karibik/Brasilien
Wintersemester 2010/2011
Patrick Wenz   04.10.2012

INHALTSVERZEICHNIS

TABELLENVERZEICHNIS

ABBILDUNGSVERZEICHNIS

1. ÜBERBLICK EXKURSIONSGEBIET

Während den vier Wochen werden über 10000 Kilometer[1] zurückgelegt. Ob zu Fuß, per Auto, Flugzeug oder Schiff, werden die unterschiedlichsten Gebiete erkundet. Beginnend in der Dominikanischen Republik geht die Exkursion weiter Richtung Süden über Teile der Karibischen Inseln (Guadeloupe, Barbados, Trinidad), den Amazonas flussaufwärts bis Manaus, bis sie schließlich nach einem Zwischenstopp in Brasilia, der Hauptstadt Brasiliens, in Salvador an der atlantischen Küste endet. Während der Reise ergibt sich eine hohe Variationsbreite der physischen Geographie. Die nachfolgende Hausarbeit versucht für das Exkursionsgebiet eine naturräumliche Gliederung aus geologischer Sicht zu finden. Hierbei wird ein Schwerpunkt auf die geologische Entwicklung des Exkursionsgebietes genommen.

Eine erste naturräumliche Einteilung erfolgt durch die Betrachtung der weltweiten Plattentektonik in Abbildung 1. Das Exkursionsgebiet liegt auf zwei großen tektonischen Platten. Der Karibischen Platte und der Südamerikanischen Platte. Eine Zweiteilung des Exkursionsgebietes in den Raum der Karibik und den von Südamerika ist daher geologisch sinnvoll.

---

[1] Wenz: Eigene Erhebung durch Google Earth

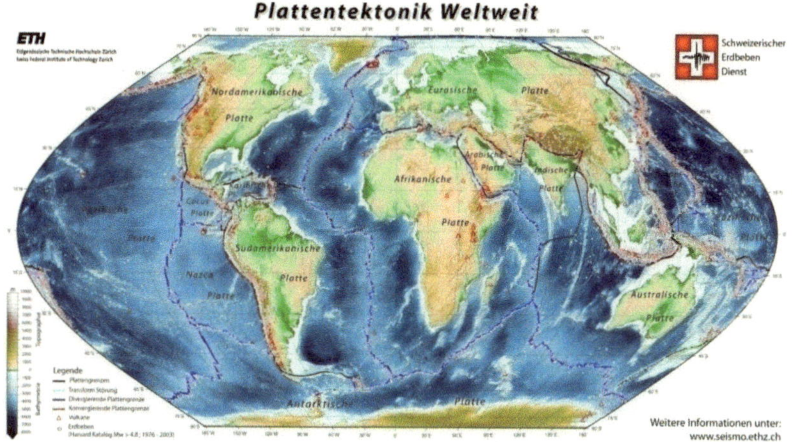

ABBILDUNG 1: PLATTENTEKTONIK WELTWEIT (ETH)

2. KARIBIK

Die Bezeichnung „Karibik" umfasst das Gebiet des Karibischen Meeres und die Westindischen Inseln. Die Westindischen Inseln bilden eine Inselkette im mittelamerikanischen Raum, welche in etwa parallel zur mittelamerikanischen Festlandsbrücke verläuft. Die Inselkette besitzt eine Länge von 4000 Kilometern und eine Fläche von 233872 Quadratkilometern. Ihre Ausbreitung liegt zwischen 85° und 59° westlicher Länge und 23° und 7° nördlicher Breite (BLUME 1968: 17). Abbildung 2 ermöglicht eine topographische Einordnung der Aussagen.

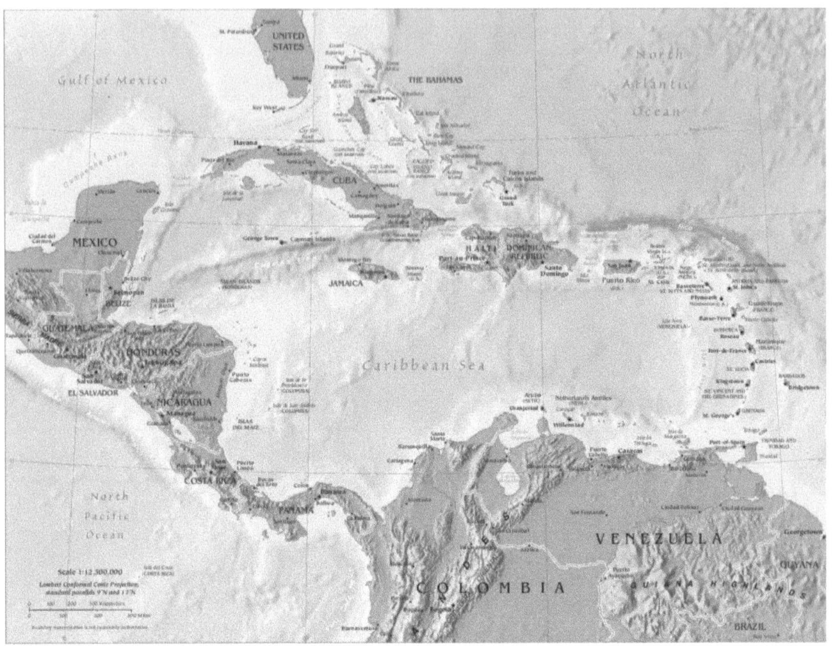

ABBILDUNG 2: TOPOGRAPHIE MITTELAMERIKAS UND KARIBIK (CIA)

Eine weite Unterteilung der Westindischen Inseln fällt differenzierter aus. So werden aus dem historischen Kontext die Westindischen Inseln in drei Inselgruppen unterteilt: den Großen Antillen, den Kleinen Antillen und den Bahama-Inseln. Kuba, Jamaika, Hispanola und Puerto Rico zählen hierbei zu den Großen Antillen. Die Kleinen Antillen bestehen aus zahlreichen kleinen Inselstaaten, weshalb hier auf eine Auflistung verzichtet wird. Die Unterscheidung zwischen „Inseln über dem Winde" und „Inseln unter dem Winde" ist klimageographisch und orographisch bedingt. Die meridional verlaufenden Inseln über dem Winde liegen im Bereich des ständig wehenden Nordostpassates und besitzen ausgeprägte Unterschiede zwischen ihren Luv und Lee Lagen. Die Inseln unter dem Winde streichen in Ost-West Richtung und unterliegen nicht mehr dem Einfluss des Passates (BLUME 1968: 18f).

In Abbildung 3 wird eine weitere Gliederungsmöglichkeit aufgezeigt, denn orographisch-tektonisch lassen sich die Westindischen Inseln in drei Relieftypen unterscheiden. So gehören Hispanola, Jamaika, Puerto Rico, Teile Kubas und die Inseln unter dem Wind zum Bruchfaltengebiet (BLUME 1968: 23). Der innere Inselbogen der Inseln über dem Wind wird durch die zahlreichen Vulkankegeln auf den Inseln als Vulkanantillen bezeichnet. Der äußere Inselbogen hingegen wird auf Grund der zahlreichen Korallenkalke als Kalkantillen benannt.

Außer den Kalkantillen bilden auch noch große Teile Kubas und die Bahamas Kalktafeln aus (SAHR 1997: 85).

ABBILDUNG 3: ÜBERSICHTSKARTE KARIBIK MIT OROGRAPHISCH-TEKTONISCHER GLIEDERUNG (BLUME 1968: 10)

Die nachfolgenden Kapitel geben sowohl einen Überblick über die geologische Entstehung der gesamten Karibik, als auch eine detaillierte Ansicht von exkursionsrelevanten Bereichen der Großen und Kleinen Antillen.

2.1 ENTSTEHUNG DER KARIBISCHEN PLATTE

Wie in Abbildung 1 zu sehen ist, grenzen insgesamt vier tektonische Platten an die Karibische Platte. Von Norden subduziert die Nordamerikanische Platte; von Osten und Süden die Südamerikanische Platte unter die Karibische. Im Westen grenzt diese an die hauptsächlich an die Cocos-Platte, kleine Teile aber auch an die Nazca-Platte. Diese weitläufigen Plattengrenzen führen zu einer besonderen plattentektonischen Lage der Karibischen Platte.

Das nachfolgende Kapitel beschäftigt sich nun mit der geologischen Entstehung der Karibischen Platte. Dieses Thema beschäftigt regelmäßig Geologien, Ozeanographen, Geographen und Vulkanologen, da noch nicht alle Fragen der Forscher ausreichend beantwortet werden können. Bedeutungsvolle Forschungsergebnisse konnten aber in den letzten Jahren von Herrn Professor MARTIN MESCHEDE vom Institut für Geologie und Geographie der Universität Greifswald erzielt werden. Seine Publikation zur Herkunft der Karibischen Platte von 1998 konnte durch eine Expedition des Leibniz-Institutes für Meereswissenschaften im Jahre 2010 mit dem Forschungsschiff METEOR bestätigt werden. Aus diesem Grund beziehe ich mich auf seine aktuellen Erkenntnisse (IFM-GEOMAR 2010a).

Die Karibische Platte ist etwa 3,2 Millionen Quadratkilometer groß. Sie hat ihren Ursprung in einer großen Flutbasaltprovinz. In der englischen Fachliteratur wird sie als „Caribbean Large Igneous Province", kurz CLIP bezeichnet. Abbildung 4 zeigt wie es zu einer solchen Flutbasaltprovinz kommen kann. An einer Mantelplume steigt heiße Magma auf. Diese reichert sich zwischen Erdkruste und Erdmantel immer mehr an. Als Folge tritt sie an mehreren Stellen aus und bildet gewaltige Lavaplateaus, eben eine solche Flutbasaltprovinz.

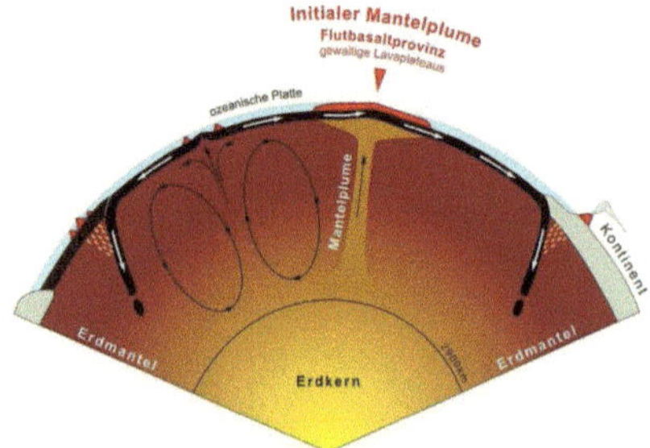

ABBILDUNG 4: MODELL EINER FLUTBASALTPROVINZ (IFM-GEOMAR)

Die Datierung des Alters der CLIP ist derzeit noch ungenau. Es wird derzeit ein Zeitraum von 89±6 Millionen Jahre angenommen. Hinsichtlich des Entstehungsortes bestehen seit langem zwei konkurrierende Theorien. Sie sind in der Abbildung 5 dargestellt.

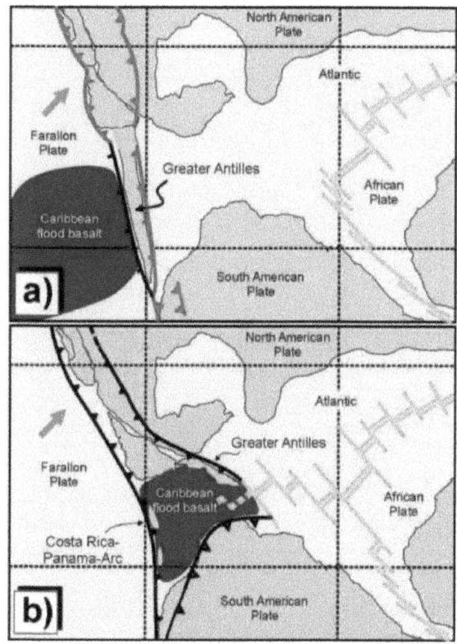

ABBILDUNG 5: THEORIEN ZUM ENTSTEHUNGSORT DER CLIP (MESCHEDE 2002: 2)

Die erste Theorie vermutet den Entstehungsort der karibischen Flutbasaltprovinz im Bereich des Galapagos Hot Spots (Abb 5: Fig. a). Von dort aus sei die Platte westwärts in ihre heutige Position gedriftet. Die zweite Theorie geht von einer inter-amerikanischen Bildung aus, d.h. die CLIP ist zwischen der Nordamerikanischen- und der Südamerikanischen Platte entstanden (Abb 5: Fig. b). Beide Theorien weisen aber eine entscheidende Gemeinsamkeit auf. Sie weisen der Karibischen Platte einen pazifischen Charakter zu. Um festzustellen, welche von den beiden Theorien nun der Wahrheit entspricht, wurden intensive Forschungen durchgeführt. Anhand von der magmatischen Lineation von Proben aus der Kruste der Flutbasaltprovinz und den ermittelten Bewegungsvektoren der Karibischen Platte, kann mit hoher Wahrscheinlichkeit die inter-amerikanische Theorie als gültig angesehen werden. Gegen die erste These spricht die große Entfernung zwischen der CLIP und dem Galapagos Hot Spot. In Abbildung 6 wird dieser mit der schwarz-weißen Linie angedeutet. Er betrug vor 100 Millionen Jahren ca. 5000km. Dieser Abstand schließt eine Entstehung nahe des Galapagos Hot Spots aus. Es ergibt sich deshalb folgende Chronologie der Entstehung der Karibischen Platte. Abbildung 7 zeigt diese (MESCHEDE 1998: 200-205; MESCHEDE 2002: 1-12; IFM-GEOMAR 2010a).

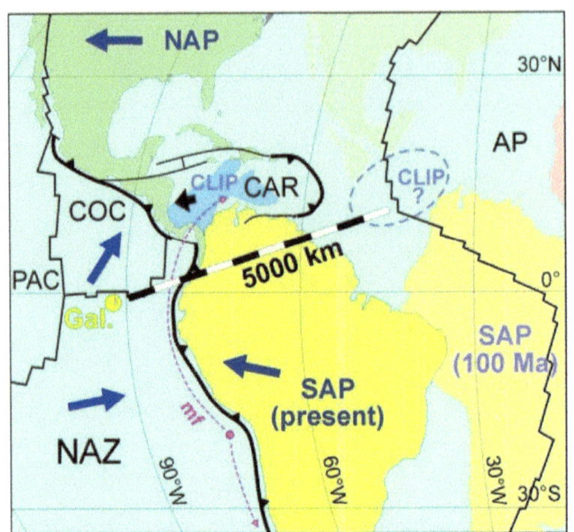

ABBILDUNG 6: WIDERLEGUNG DER ENTSTEHUNG DER CLIP NAHE DEM GALAPAGOS-HOT-SPOT (MESCHEDE 1998: 4)

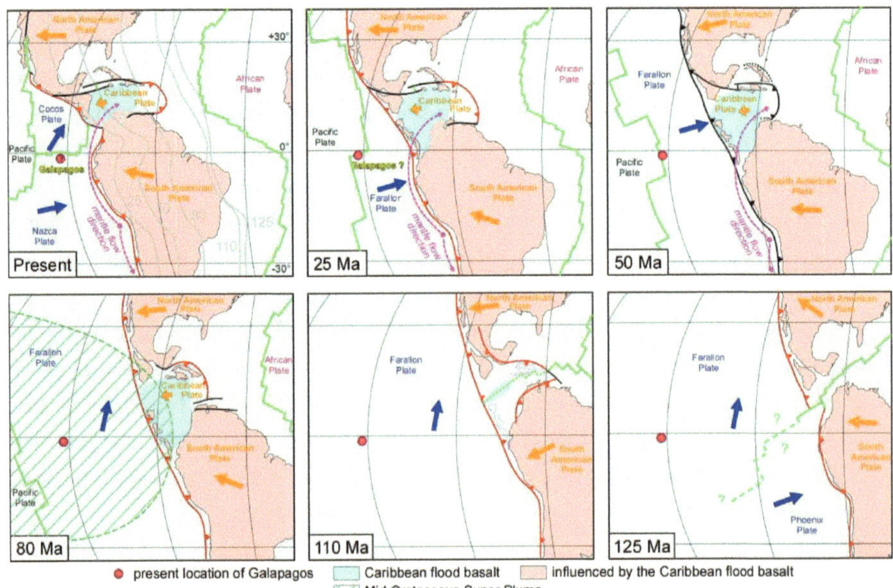

ABBILDUNG 7: ENTSTEHUNG DER KARIBISCHEN PLATTE VON 125 MILLIONEN JAHRE BIS HEUTE (MESCHEDE 2002: 4-6)

Nach dem Zerfall des Superkontinentes Pangäa im Mesozoikum und der damit verbundenen Trennung von Nord- und Südamerika entstand während des Juras ein „Proto-Caribbean-Ocean" zwischen beiden Kontinenten (JAMES 2009: 57f). Bedingt durch die Entstehung des Atlantiks auf Grund der Trennung von Nordamerika und Afrika in der Unterkreide, erfolgte Westdrift der beiden amerikanischen Platten. Es bildeten sich lange Subduktionszonen zwischen Nordamerikanischer, Südamerikanischer und der Farallon Platte aus (Abb. 7: Bild unten Mitte, 110 Ma). Gegen Mitte der Kreide setzte auf der Farallon Platte ein Mantelplume ein, die als Folge die Bildung der karibischen Flutbasaltprovinz hatte (Abb. 7: Bild unten links, 80 Ma). Der andauernde Westdrift der beiden amerikanischen Platten hatte zwei große Konsequenzen: Zum einen verschwanden immer größere Teile der Farallon Platte durch die Subduktion dieser Platte unter die beiden amerikanischen. Zum Anderen kam es zur Einengung der Karibischen Platte, denn die beiden amerikanischen Platten unterschieden sich um ein paar Grad in ihrer Bewegungsrichtung (Abb. 7: Bild oben rechts und Mitte, 50Ma und 25Ma). Dies hatte zur Folge, dass die Karibische Platte zwar auch einen Westwärts-Drift erhielt, dieser jedoch um ca. 1,2 bis 1,5cm pro Jahr langsamer war. Während des gesamten Tertiärs blieb dieses Muster bestehen. Desweiteren kam es in diesem Zeitalter der Erdgeschichte zu einem intensiven Vulkanismus im Osten der Karibischen Platte. Hier subduzierte die Südamerikanische Platte unter die Karibische. Die Plattengrenze zwischen der nordamerikanischen und der karibischen wurde dagegen von Transformstörungen geprägt. In Mittelamerika entstand eine Landbrücke zwischen Nord- und Südamerika. Dies bedeutete das Ende einer Verbindung der karibische See zum pazifischen Ozean. Trotz dieser Trennung kann der „Sippencharakter der Antillen zum zirkumpazifischen Vulkangürtel bestätigt werden" (WEYL 1966: 360). Im Miozän zerbrach schließlich die Farallon Platte in zwei Teile: der Nacza- und der Cocos-Platte (Abb 7: Bild oben links, present). Im eben genannten Bild sind in grau die ehemaligen Positionen der beiden Kontinente zu erkennen. Die heutigen Bewegungsvektoren sind in Tabelle 1 aufgelistet. (MESCHEDE 1998: 200-205; MESCHEDE 2002: 1-12; JAMES 2009: 56f; FROESE 2008: 17f; ZEPP 2002: 36f, 48).

TABELLE 1: BEWEGUNGSVEKTOREN DER NORD-, SÜD- UND KARIBISCHEN PLATTE (MESCHEDE 1998: 4)

Platte	Geschwindigkeit (cm pro Jahr)	Bewegungsrichtung (°Grad)	Lage des Messpunktes
Nordamerikanische	3,05	248	20°N, 82°W
Karibische	1,88	243	10°N, 86°W
Südamerikanische	3,30	256	7°N, 65°W

Die einzelnen tektonischen Bewegungen haben im Laufe der Zeit zu dem heutigen Topographischen Bild des Reliefs der Karibik geführt. Abbildung 8 zeigt die Meerestiefen rund um die Karibik. Man erkennt ein komplexes System aus verschiedenen Rücken und Trögen. Betrachtet man die Tiefenverhältnisse mit, so werden Reliefunterschiede von über 11000 Meter auf sehr kurze Entfernungen erreicht (Puerto Rico Trog 8540m u.NN gegenüber Zentralkordillere auf Hispanola 3175m   ü.NN). Dieser extreme Reliefunterschied wird in Abbildung 9 verdeutlicht. Die Innenseite des Antillenbogens wird durch mehrere Becken geprägt, wie das Yucatan-, das Kolumbianische oder das Venezolanische Becken. Hier werden Tiefen von 3500 bis 5000 Meter erreicht (BLUME 1968: 22)

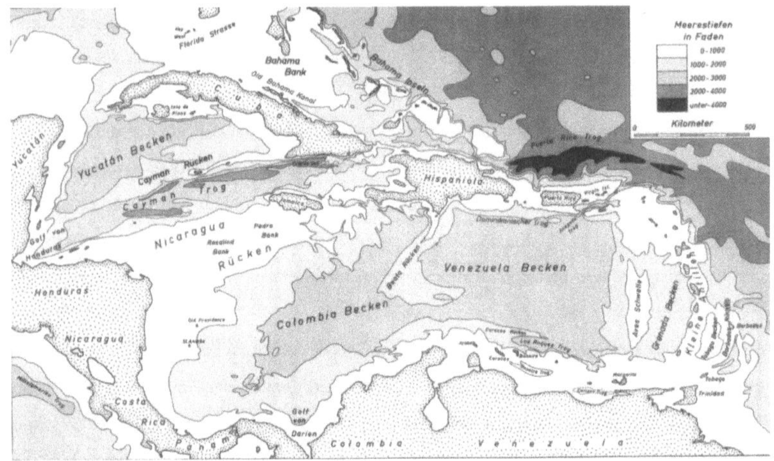

ABBILDUNG 8: MEERESTIEFEN RUND UM DIE KARIBIK[2] (WEYL 1966: 1)

---

[2] Die Meerestiefe wird hier in der alten Seemannseinheit Faden angegeben. Hierbei entspricht 1 Faden = 1,83 Meter. Die Kategorien lauten demnach nach der Umrechnung: 0-1830m; 1830-3660m; 3660-5490m; 5490-7320m; unter 7320m

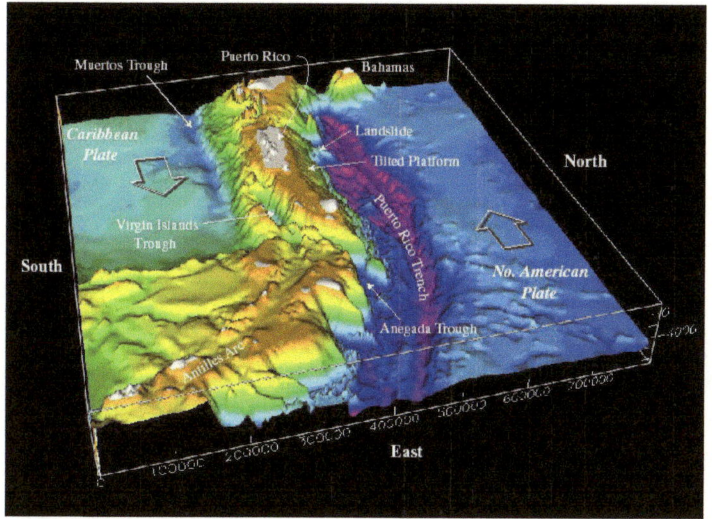

ABBILDUNG 9: BATHYMETRISCHE KARTE DER NÖRDLICHEN PLATTENGRENZE DER KARIBISCHEN PLATTE (USGS)

2.2 GROßE ANTILLEN

Alle Inseln der Großen Antillen außer Kuba weisen einen ausgesprochenen gebirgigen Charakter auf. Kuba besitzt dagegen hauptsächlich weite Tiefebenen (vgl. Abb. 2). Der Grund hierfür ist der tektonische Untergrund der jeweiligen Inseln (vgl. Abb. 3). In Kuba finden sich weitere Kalkdecken, während das restliche Gebiet der Großen Antillen eine Bruchschollenlandschaft aus verschiedenen geologischen Zeitaltern darstellt (vgl. Abb. 10). Dies bedeutet, dass das heutige Relief von Strukturen des alpinotypen Orogens weitestgehend unabhängig ist. Das topographische Bild ist damit als Folge von einer spättertiären Bruchtektonik des Pliozäns anzusehen, bei der einzelne Schollen angehoben oder abgesenkt wurde (WEYL 1966: 21ff).

Sucht man nach einer kontinentalen Verbindung zwischen dem Festland von Mittelamerika und den Großen Antillen, so findet man zwei in Frage kommende Bereiche: Den Cayman-Rücken und den Nicaragua-Rücken (vgl. Abb. 8). Die „Vermutung einer Fortsetzung der beiden paläozoischen Orogenesen Mittelamerikas (voroberkarbonische und nachmittelpermische) über eben genannte Rücken in den Raum Hispanolas" konnte bereits von WEYL (1966: 330; 365) bestätigt werden.

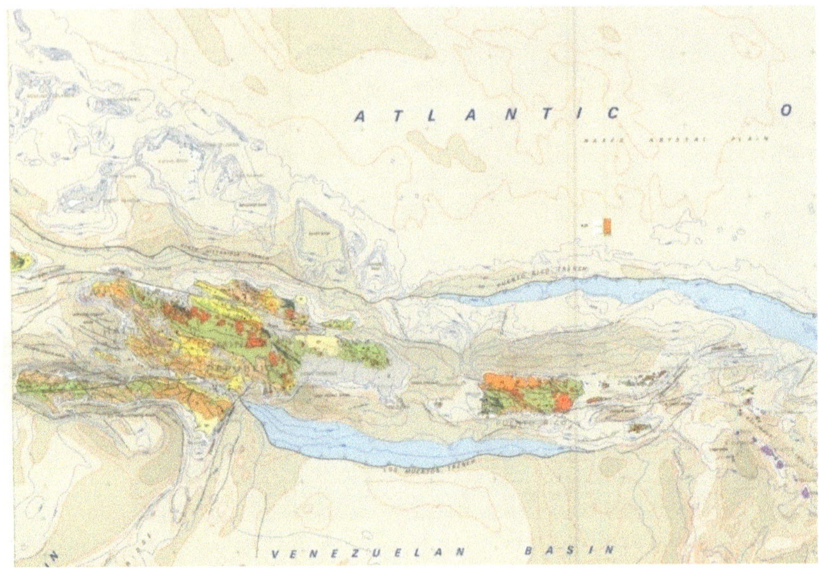

ABBILDUNG 10: GEOLOGISCHE KARTE VON HISPANOLA UND PUERTO RICO[3] (INSTITUT FRANCAIS DU PETROLE 1990)

2.2.1 HISPANOLA

Hispanola ist die einzige Insel der Großen Antillen, die während der Exkursion betreten wird. Aus diesem Grund wird sie geologisch etwas genauer analysiert. Sie besteht politisch aus den zwei Staaten Haiti und der Dominikanischen Republik. Früher wurde die ganze Insel Hispanola „Haiti" genannt. Der Name „Haiti" bedeutet in der Sprache der Tains, der ersten Inselbewohner, "hohes und bewaldetes Land" (Generalkonsulat der Republik Haiti 1994: 26f). Die Insel hat einen sehr gebirgigen Charakter hat. Man findet drei große Gebirgszüge auf der 660km langen und bis zu 250km breiten Insel. Geologisch findet sich auf der Insel rund um die Städte Santo Domingo und La Romana im Südosten eine Kalktafel, auf der sowohl Kegel- als auch Cockpit Karst zu finden ist. Hier ist eine ehemalige Meeresbodenscholle aus Korallenkalkstein aufgetaucht. Dadurch entstand eine einheitliche neue Landmasse auf der Insel (vgl. Abb. 10) (FROESE 2008: 19ff). Für die morphologische Gliederung der Gebirge Hispanolas ist in erste Linie

---

[3] *Der Kartenausschnitt stammt aus der Geologischen Karten, welche während der Exkursion zur Verfügung steht. Aus Platzgründen wird nur der relevante Teil hier aufgezeigt. Auf dem Original findet sich eine ausführliche Legende*

eine junge pleistozäne bis pliozäne Zerlegungen der in West nach Ost streichenden Bruchschollen verantwortlich (WEYL 1966: 9). Auf eine genau geologische Zuordnung der einzelnen Bruchschollen wird verzichtet.

2.3 KLEINE ANTILLEN

Die Kleinen Antillen gliedern sich wie bereits angesprochen in die Inseln über dem Winde und in die Inseln unter dem Winde. Letztere werden hier außer Acht gelassen, da sie nicht im Exkursionsgebiet liegen. Geologisch betrachtet zählen sie zum venezolanischen Festland. Ihr Relief ist diesem sehr ähnlich (BLUME 1968: 21).

Während der intensiven tertiären Subduktion der Atlantischen Platte wurde die Karibische Platte hochgedrückt und an Bruchstellen konnten große Mengen Magma aufsteigen. Diese bildeten die vulkanischen Ausgangsgesteine der Inseln über dem Winde (SAHR 1997: 85). Der im Alttertiär (Eozän) beginnende Vulkanismus erstreckte sich anfangs auf den inneren, sowie den äußeren Inselbogen der Inseln über dem Winde. Allerdings hielt nur auf dem inneren Inselbogen die Vulkanaktivität bis heute an, sodass diese auf Grund ihres vulkanischen Aufbaus als Vulkanantillen bezeichnet werden. Der Vulkanismus des äußeren Inselbogens erlosch jedoch bereits wieder im Oligozän, weshalb es hier zu einer anderen geologischen Entwicklung kam, wodurch diese Inseln zu ihrer heutigen Bezeichnung der „Kalkantillen" kamen (WEYL 1966: 242; 346).

Abbildung 11 zeigt die geologische Karte der Inseln über dem Winde auf. Man erkennt gut die Vulkanantillen mit ihren tertiären Vulkandecken (lila Signaturen) und die von holozänen Korallenkalken bedeckte Kalkantillen (graue, beige Signaturen).

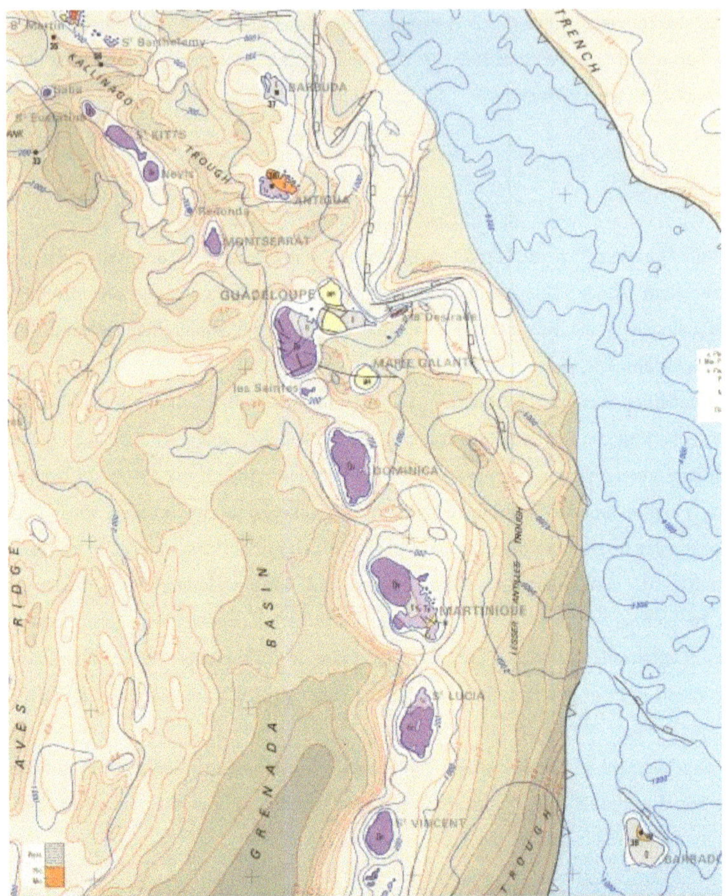

ABBILDUNG 11: GEOLOGISCHE KARTE DER INSELN ÜBER DEM WINDE[4] (INSTITUT FRANCAIS DU PETROLE 1990)

---

[4] *Der Kartenausschnitt stammt aus der Geologischen Karten, welche während der Exkursion zur Verfügung steht. Aus Platzgründen wird nur der relevante Teil hier aufgezeigt. Auf dem Original findet sich eine ausführliche Legende*

2.3.1 VULKANANTILLEN

Zu den Vulkanantillen gehören folgende Inseln (von Süden nach Norden geordnet): Grenada, St. Vincent, St. Lucia, Martinique, Dominica, Guadeloupe - Basse Terre, Montserrat, Nevis, St. Kittis, St. Eusatus (SAHR 1997: 85).

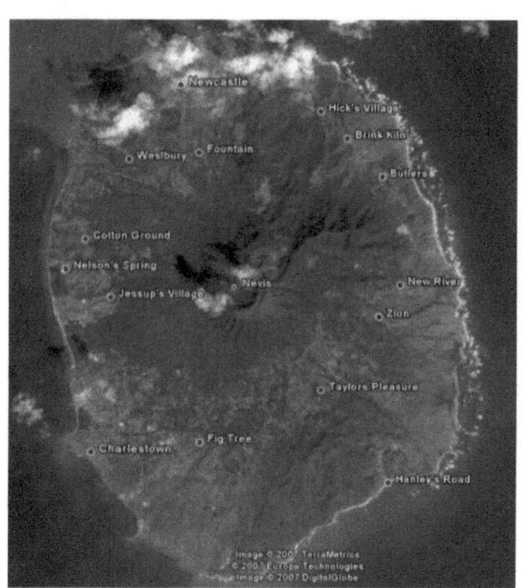

Die Inseln weisen eine hohe Reliefenergie auf. Es finden sich hier kräftige Zerschneidungen an den jungen steilwandigen Vulkankegeln (BLUME 1968: 36). Abbildung 12 zeigt eine Luftaufnahme der Insel Nevis. Sie ist ein fast symmetrisches Paradebeispiel eines Schichtvulkans. Neben dem jüngsten Eruptionszentrem, dem Nevis Peak mit 985 Meter Höhe, finden sich 9 weiter ältere Eruptionszentren (WEYL 1966: 196). Abbildung 13 zeigt an verschiedenen Beispiel-Inseln die unterschiedlichen Zeiten vulkanischer Aktivität seit dem Beginn des tertiären Vulkanismus.

ABBILDUNG 12: LUFTBILDAUFNAHME NEVIS (EIGENE ERHEBUNG 2011, GOOGLE EARTH)

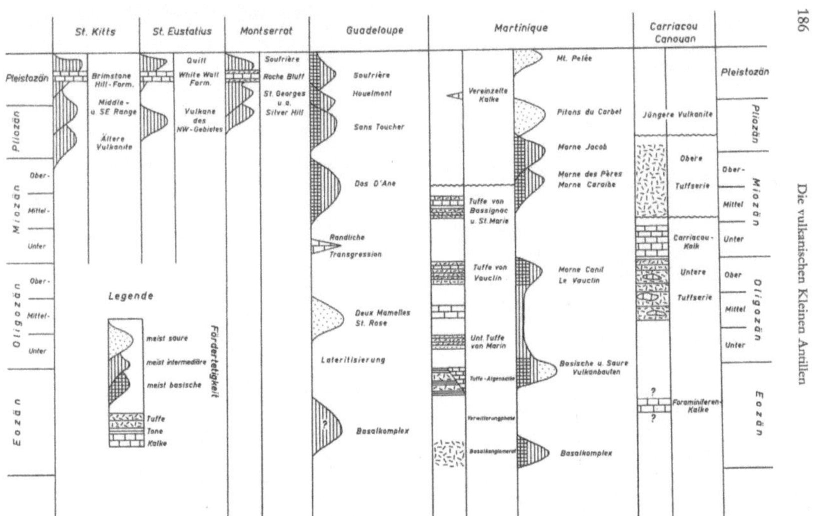

ABBILDUNG 13: PHASEN VULKANISCHER AKTIVITÄT AN EINIGEN INSELBEISPIELEN DER VULKANANTILLEN (WEYL 1966: 186).

17

2.3.2 KALKANTILLEN

Zu den Kalkantillen gehören folgende Inseln (von Süden nach Norden geordnet): Barbados (größtenteils), Martinique (teilweise), Marie Galente, Guadeloupe - Grande Terre, Antigua (teilweise), Barbuda, St. Martin, Anguilla und Sombrero (SAHR 1997: 85).

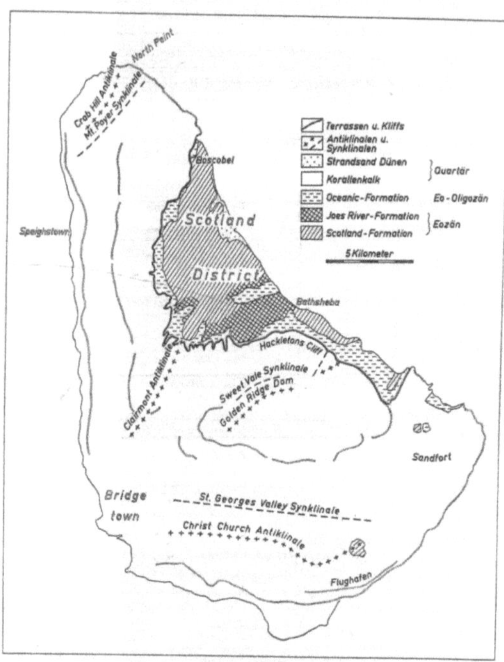

ABBILDUNG 14: GEOLOGISCHE ÜBERSICHT BARBADOS (WEYL 1966: 265)

Die Inseln haben einen vulkanisch-plutonischen Unterbau, der vom Eozän bis zum Oligozän entstand. Da im Alttertiär der Vulkanismus auf diesen Inseln erlosch, wurden die Vulkanbauten im Miozän bis auf Meereshöhe abgetragen. Eine weitreichende Transgression führte zu maritimen Ablagerungen von Korallenkalken auf das vulkanische Sockelgestein. Die ebenfalls im Miozän stattfindende tektonische Krustenbewegung, bewirkte eine Anhebung des Gebietes der Kalkantillen und ließ die Inseln wieder auftauchen. Eine zweite tektonische Hebungsphase während des Plio- und Pleistozäns führte zu den heutigen Höhenunterschieden (WEYL 1966: 240ff). Auf Barbados kann man gut den geologischen Bau der Kalkantillen nachvollziehen. Hier erkennt man in Abbildung 14, dass 85% der Insel von einer flachliegenden pleistozänen Kalktafel bedeckt ist; die restlichen 15% der Fläche bilden allerdings ein intensiv verschupptes Gebiet, bestehend aus dem vulkanischen Grundsockel des Eozäns (WEYL 1966: 264).

2.3.3 GUADELOUPE – DIE ZWEIGETEILTE INSEL

Guadeloupe ist eine Anlaufstation unseres Schiffes, daher wird die Insel etwas ausführlicher dargestellt. Die Insel ist insofern etwas Einzigartiges, da sie aus zwei sehr unterschiedlichen Inseln besteht, die unmittelbar aneinander grenzen. Im Westen besteht sie aus der Insel Basse Terre, die mit ihrem gebirgigen Relief und ihrem 1467 Meter hohen, aktiven Vulkan Soufrière zu den Vulkanantillen gehört. Im Osten grenzt die Nachbarinsel Grande Terre an. Diese gehört zu den Kalkantillen, da auf ihr sich weiträumige, flache miozäne Kalke finden. Karstgebiete sind hier im Gebiet „Grande Fonds" sehr ausgeprägt (BLUME 1968: 267). Die räumliche Nähe der beiden Inseln deutet auf eine enge Verknüpfung zwischen Vulkan- und Kalkantillen bezogen auf ihre geologische Entwicklung hin. „Eine Trennung in Vulkan- und Kalkantillen ist nicht so scharf wie das physiographische Bild erlauben lässt" (WEYL 1966: 242)

2.4 NATURGEFAHREN DER KARIBIK

Immer wieder kommt es auf Grund der komplexen tektonischen Situation im Gebiet der Karibik zu Vulkanaktivitäten und Erd- und Seebeben (FROESE 2008: 18). Diese Aktivitäten sind der Beweis für die fortdauernden Bewegungen der einzelnen tektonischen Platten (WEYL 1966: 369). Die latente Gefahr vor den endogenen Kräften der Natur wird von den Bewohnern der Karibik bewusst wahrgenommen (SAHR 1997: 85). Dieser Gefahr müssen sich auch Besucher immer bewusst sein.

2.4.1 VULKANAUSBRÜCHE

Zwar sind die meisten Vulkane in der Karibik erloschen, jedoch existieren noch einige wenige aktive Vulkane. Hierzu gehören beispielsweise der Soufrière auf Guadeloupe, der Soufrière auf St. Lucia, der Nevis Peak auf Nevis oder der Mont Pelee auf Martinique. Diese Vulkane zeigen derzeit meist eine schwache Aktivität, die sich in Form von heißen Quellen, Solfataren oder Fumarolen äußert (BLUME 1968: 23). Auf letzten beiden deutet der häufig vorkommende Orts- oder Bergname „Soufrière" (fr. Schwefelgrube). Tabelle 2 zeigt die Vulkanausbrüche auf den Kleinen Antillen mit den höchsten Todeszahlen der letzten 150 Jahre. Trotz des vermeintlich abklingenden Vulkanismus in der Karibik, sind spontane Vulkanausbrüche jederzeit möglich. Ein Beispiel ist die Insel Montserrat, die nach über 400 Jahre Ruhe 1995 und 2010 wieder ausbrach und hierbei mindestens 17 Todesopfer forderte (SF 2010).

TABELLE 2: VULKANAUSBRÜCHE AUF DEN KLEINEN ANTILLEN (BLUME 1968: 273-284)

Jahr	Ort	Todesopfer[5]
1880	Dominica	500
1902	St. Vincent	2000
1902	Martinique	30000

2.4.2 ERD- UND SEEBEBEN

Kleine Erd-und Seebeben finden regelmäßig im gesamten Raum der Karibik statt. So zeigt Abbildung 15 das komplette Gebiet der Karibischen Platte. Man erkennt eine deutliche, Konzentrierung der Beben entlang der Plattengrenzen.

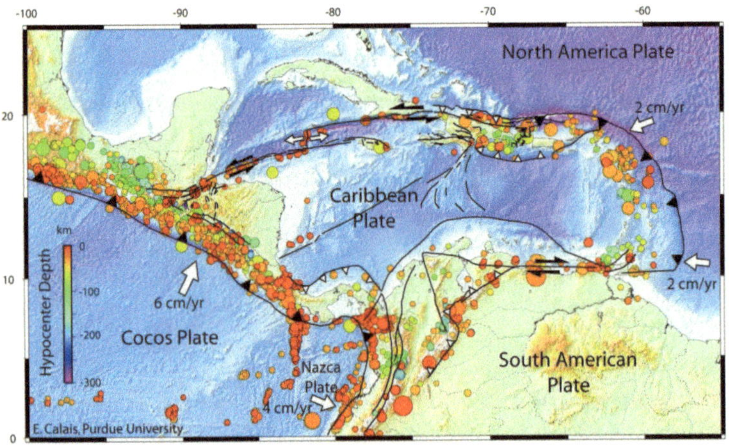

ABBILDUNG 15: SEISMISCHE AKTIVITÄT DER KARIBISCHEN PLATTE AB 1960 BIS HEUTE[6] (NSF)

In Tabelle 3 findet sich eine Auswahl an Erd- und Seebeben der letzten 10 Jahren mit einer Stärke von mindestens 4,5 auf der Richterskala. Alle diese Beben fanden im Bereich unsere Reiseroute statt. Die Todeszahlen sind bis auf das Haiti Erdbeben sehr niedrig. Bei der Betrachtung der Beben wird bewusst auf die Darstellung der Folgen solcher Katastrophen verzichtet.

---

[5] Schätzungen

[6] *Ergänzung zur Legende: Die Bedeutung der Farben ist in der Karte erklärt. Es fehlt jedoch die Erklärung was die Größe der Kreise zu bedeuten hat. Da dort wo sich das Epizentrum des Erdbebens vom 12.01.2010 auf Haiti ein deutlich großer orangener Kreis befindet, stellt nach meiner Vermutung der Radius der Kreise die Intensität der Beben dar*

TABELLE 3: AUSWAHL AN ERD-UND SEEBEBEN IM EXKURSIONSGEBIET DER KARIBIK (FOCUS ONLINE)

Datum	Ort	Todesopfer	Stärke auf Richterskala
22.09.2003	Hispanola Puerto Plata (nahe Caberete)	3	6,4
16.10.2003	Hispanola Puerto Plata (nahe Caberete)	0	4,5
21.11.2004	Guadeloupe	1	6,3
02.12.2004	Trinidad	0	5,8
29.09.2006	Trinidad	1	6,1
29.11.2007	Martinique	48	7,4
12.01.2010	Haiti	Ca. 120 000	7,0

Zur Vergleich das Erdbeben vom 23.12.2010 in Mainz:

Datum	Ort	Todesopfer	Stärke auf Richterskala
23.12.2010	Mainz	0	3,4

2.4.3 TSUNAMIS

In Folge von Vulkanausbrüchen, Erd- und Seebeben bedrohen auch Tsunamis die Inselwelt. Zwar fand der letzte große Tsunami im Jahre 1946 (1800 Todesopfer) statt, nichtsdestotrotz stufen Forscher die Tsunamigefahr als hoch ein. Besonders die Insel Guadeloupe ist durch einen zu auseinanderfallen drohender Vulkan auf der Nachbarinsel Dominica gefährdet (Krone; Spiegel online).

3. SÜDAMERIKA

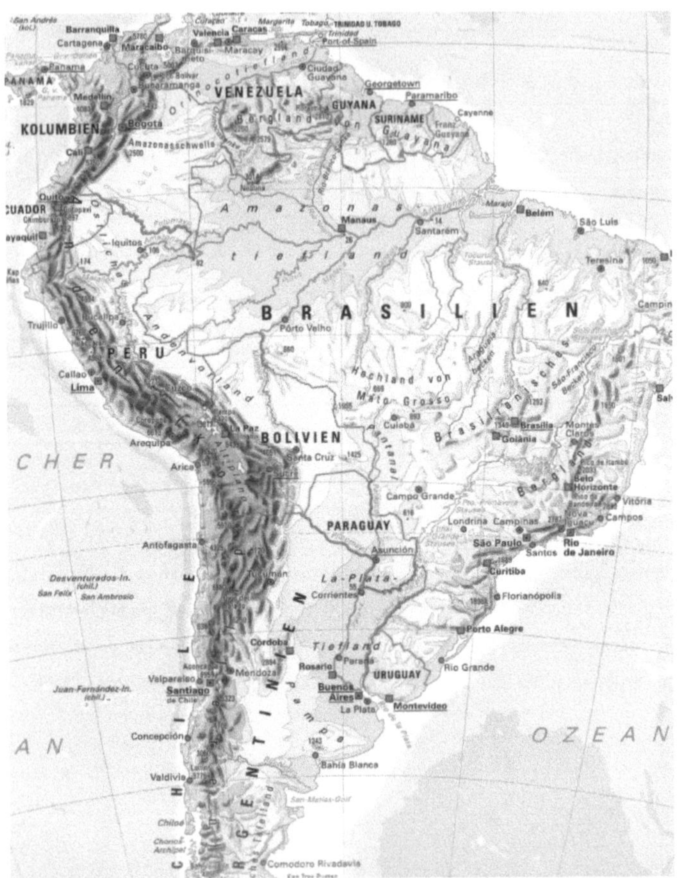

ABBILDUNG 16: TOPOGRAPHISCHE ÜBERSICHT SÜDAMERIKA (HAACK ATLAS 2007: 194)

Geologische zeichnet sich der südamerikanische Kontinent durch einen großen Unterschied aus. So findet sich an der pazifischen Küste im Westen eine geologisch sehr aktive Zone, während dagegen die atlantische Seite eine sehr passive Rolle aufweist. Auf Grundlage dieses Unterschieds kann eine naturräumliche Grob-Gliederung des Kontinents in drei Teile vorgenommen werden. Mit Hilfe von Abbildung 16 welche die topographische Übersicht von Südamerika zeigt, kann diese nachvollzogen werden.

Der erste Bereich stellt die pazifische Randzone dar. Diese erlebt seit dem Tertiär durch plattentektonische Bewegungen eine starke Orogenese kombiniert mit einer erhöhten seismischen Aktivität. Der zweite Bereich des Naturraums bildet die Andenvorsenke. Sie ist geprägt von Niederungs- und Senkungszonen, welche einen jungen tertiären Untergrund aufweisen. Der dritte Bereich stellt der breit entwickelte Grundgebirgssockel des brasilianischen und Guyana Schildes dar (BEURLEN 1970: 20-25). Unsere Exkursion verläuft nur im dritten Bereich der naturräumlichen Grob-Gliederung Südamerikas. Dieser kann weiter naturräumlich untergliedert werden in vier Gebiete: dem Inselstaat Trinidad und Tobago, dem Guyana-Gebiet, dem Amazonas-Tiefland und dem brasilianischem Bergland.

3.1 TRINIDAD UND TOBAGO

Bei einer genauen Betrachtung des Reliefs von Trinidad, fällt eine starke Ähnlichkeit zu dem nahen Festland Venezuelas auf. Sowohl auf der Insel als auch auf dem Festland weisen die Gebirge eine Ost-West Streichrichtung vor. Diese Ähnlichkeit kann mit der Abbildung 17 erklärt werden, denn der geologische Untergrund von Trinidad ist identisch mit dem des venezolanischen Festlandes. Es finden sich zwei Gebirgsketten auf der Insel. Die nördliche besteht aus Gesteinen des Juras und der Kreide (Abb. 17: grün und blaue Signaturen), welche metamorph sind, wo hingegen die südliche aus jüngeren Gesteinen des Miozäns und Oligozäns besteht (Abb. 17: gelbe und orangene Signaturen). Beide Gebirgsketten stellen eine Fortsetzung der venezolanischen Küstenkordillere dar (BLUME 1968: 289ff). Auf Grund dieser Tatsache wird „Trinidad geologisch ganz zum südamerikanischen Kontinent gezählt" (WEYL 1966: 2). Der Rest der Insel wird durch jungtertiäre Kalke gebildet (Abb. 17: graue Signaturen). Die Insel liegt bereits komplett auf der südamerikanischen Platte. Bezüglich der Entstehung Trinidads sind die aktuellen Forschungsergebnisse noch zu ungenau. Eine mögliche Entstehung durch tektonische Hebungsvorgänge ist ebenso möglich wie eine Abspaltung der Insel vom südamerikanischen Festland.

Bei Tobago, der kleinen, schmalen Nachbarinsel des Inselstaates, sieht die geologische Struktur etwas anders aus. Hier finden sich im Norden der Insel metamorphe vulkanische Gesteine aus dem Mesozoikum; im Süden hingegen dominieren niedrige pliozäne Korallenkalke (BLUME 1968: 295f).

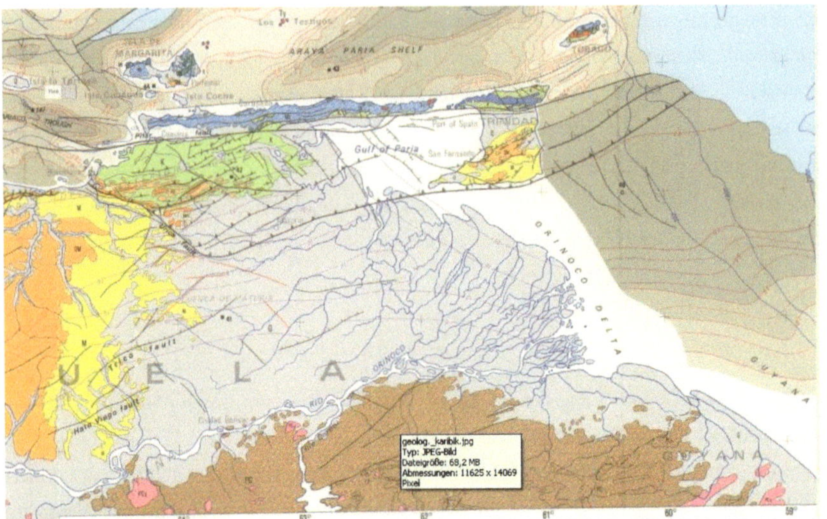

ABBILDUNG 17: GEOLOGISCHE VERORTUNG TRINIDAD UND TOBAGO[7] (INSTITUT FRANCAIS DU PETROLE 1990)

3.2 GUYANA-GEBIET

Das Guyana-Gebiet[8] befindet sich weitestgehend auf dem Guyana Schild. Dieses ist somit die prägende geologische Landmasse im Norden von Südamerika. Sie besteht aus metamorphen und vulkanischen Gesteinen aus dem Präkambrium (Abb. 17: braune und rosa Signaturen). Es finden sich hauptsächlich Gneise und Granite. Die Ausgangsgesteine unterlagen im Laufe der Zeit großen Faltungen und Metamorphosen, sodass je nach Hebung und Abtragung ausgedehnte Hochebenen mit markanten Tafelbergen entstanden sind (RATTER, DRÖGE 2008: 1-3). Das Guyana Schild weist ein Alter von 2,7 bis 1,5 Milliarden Jahre auf und ist damit eine sehr alte geologische Struktur. Es besitzt eine Fläche von ca. 1 Million Quadratkilometer (FRED 1997: 1-5). Abbildung 18 zeigt die Geologie des Guyana Schildes auf. Politisch gesehen besitzen sechs Staaten Länderanteile am Gebiet Guyanas: Kolumbien, Venezuela, Brasilien, Guyana, Suriname und französisch Guayana. Dies wird in Abbildung 19 aufgezeigt.

---

[7] *Der Kartenausschnitt stammt aus der Geologischen Karten, welche während der Exkursion zur Verfügung steht. Aus Platzgründen wird nur der relevante Teil hier aufgezeigt. Auf dem Original findet sich eine ausführliche Legende*
[8] *Es existieren weitere Schreibweisen wie Guayana oder Guiana. Diese sind verschiedenen Schreibweisen sind länderabhängig. Es wird hier die deutsche Schreibweise Guyana verwendet.*

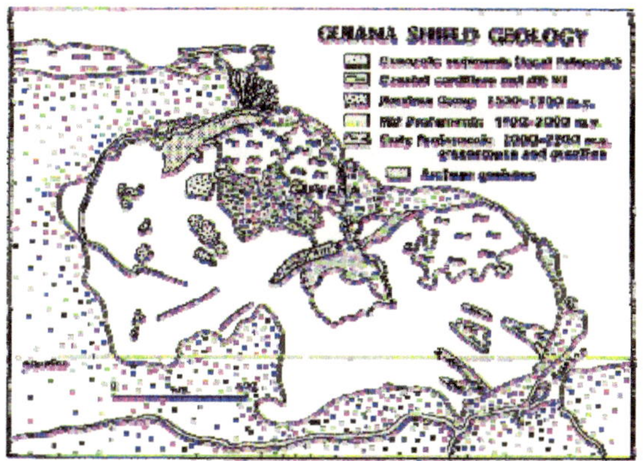

ABBILDUNG 18: GEOLOGIE DES GUYANA SCHILDES (DENVER REGION EXPLORATION GEOLOGIST`S SOCIETY 1997)

ABBILDUNG 19: POLITISCHE LAGE DES GUYANA SCHILDES (SHUFRO 2007)

3.3 BRASILIEN

Mit einer Fläche von 8,5 Millionen Quadratkilometer nimmt Brasilien fast die Hälfte des südamerikanischen Kontinentes ein. Seine meridionale Ausdehnung liegt zwischen 8°N und 34°S. Damit liegt Brasilien im Bereich der tropischen und subtropischen Zone. Naturräumlich kann das Land aufgrund der geologischen Struktur und des Reliefs in zwei Einheiten unterteilt werden: Dem Amazonas-Tiefland und dem brasilianischen Bergland (BEURLEN 1970: 1-5). Abbildung 20 zeigt das Relief von Brasilien mit Höhenangaben. Eine weitere Untergliederung der beiden Räume wird ausgelassen, da sie zu spezifisch wäre.

Das Land Brasilien liegt bis auf wenige Ausnahmen im Norden und Süden, fast vollständig auf dem Brasilianischen Schild. Dieses ist etwa 1,9 bis 2,2 Milliarden Jahre alt und bildet das präkambrische Kerngebiet Südamerikas. Das Schild vollzog allerdings keinerlei post-präkambrische tektonische Regeneration oder Orogenese; daher fehlen hier Ketten- oder Faltengebirge völlig. Der weit ausgedehnte Grundgebirgssockel wurde im Laufe der Jahrtausende immer weiter eingeebnet und zerbrach in mehr oder weniger stark zerteilte Schollen von unterschiedlicher Größe. Insgesamt betrachtet hat dieser aber keine großen Deformationen erfahren (BEURLEN 1970: 5ff).

Abb. 3. Groß-Relief von Brasilien, mittlere Höhen. 1. zwischen 0 und 200 m, 2. zwischen 200 und 500 m, 3. zwischen 500 und 800 m, 4. zwischen 800 und 1200 m, 5. höher als 1200 m.

ABBILDUNG 20: GROß-RELIEF VON BRASILIEN (BEURLEN 1970: 6)

Als nächstes wird kurz die post-kambrische Entwicklung des Brasilianischen Schildes aufgezeigt. Im Altpaläozoikum (Silur/Devon) war das Schild von weiträumigen Epikontinental-transgressionen überflutet. Hierdurch wurde die kristalline Oberfläche weitestgehend eingeebnet. Im Jungpaläozoikum (Karbon / Perm) prägten zwei große Sedimentationsräume das Land. Der nördliche Sedimentationsraum unterlag starken Einflüssen aus Westen und Nordwesten, wohingegen der südliche Sedimentationsraum ausschließlich gondwanisch geprägt war. Im Mesozoikum herrschte von der Trias bis in den Jura eine bemerkenswerte Ruheperiode bezüglich der Entwicklung des Brasilianischen Schildes. Diese wurde mit dem Beginn der Kreide unterbrochen. Es folgte die zweite große Zäsur in der geologischen Entwicklung Brasiliens, nach der altpaläozoischen Transgression. Bedingt durch das Aufreißen der atlantischen Spalte und der mit einhergehender Zerstörung des afro-südamerikanischen Großkomplexes, entstanden innere Spannungen im Untergrund des Schildes. Als Folge setzte ein stark aktiviertes geologisch-tektonisches Geschehen ein. Es kam im gesamten Gebiet des Brasilianischen Schildes zu epirogenen Schollenbewegungen und zur Bildung ausgedehnter Flutbasaltdecken im Raum des Parana-Beckens oder dem Maranhao-Becken (BEURLEN 1970: 173f; 209; 219ff). Diese hielten bis ins Tertiär an. Der Vulkanismus erlosch schließlich im Oligozän, sodass heute Brasilien keinerlei bedeutsame Vulkanaktivität mehr aufweist. Gleichzeitig zu hier beschriebenen Entwicklung entstanden in weiten Teilen des Brasilianischen Schildes großflächige Sedimentationsdecken.

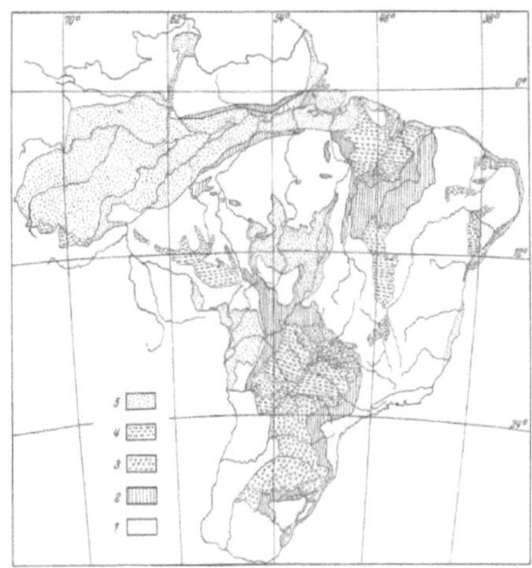

Abb. 6. Geologische Groß-Übersicht. 1. Kristallines Grundgebirge. 2. Paläozoisch-altmesozoische Formationsdecke (Amazonas-, Maranhão-Parnaíba- und Paraná-Becken). 3. Vulkanite der Kreide. 4. Kretacische Sedimentär-Formationen. 5. Tertiär-quartäre Aufschüttungen.

Die Vergrößerung der Mächtigkeit dieser Decken war im Tertiär am Größten, dauert aber bis heut an (BEURLEN 1970: 20-25). In Abbildung 21 können die beschriebenen geologischen Prozesse nachvollzogen werden. Abbildung 22 zeigt eine detailliertere geologische Karte Brasiliens.

ABBILDUNG 21: GEOLOGISCHE ÜBERSICHT BRASILIENS (BEURLEN 1970: 21)

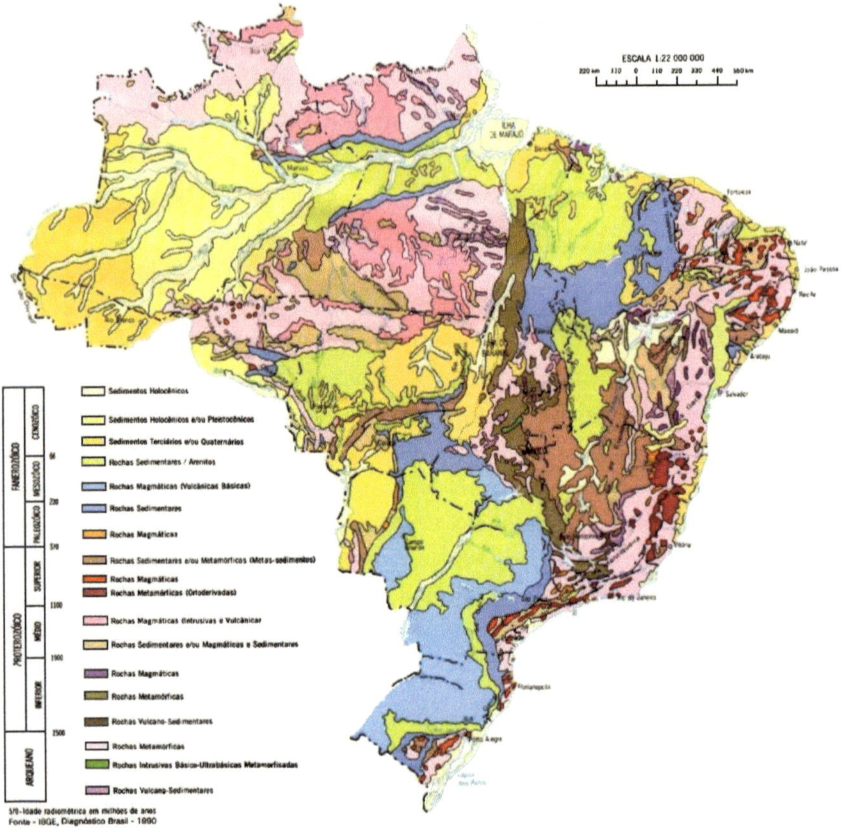

ABBILDUNG 22: GEOLOGISCHE KARTE BRASILIENS (IBGE 1990)

3.3.1 AMAZONAS TIEFLAND

Bei der Betrachtung des Amazonas-Tieflandes (vgl. Abb. 16)   fällt die nicht-meridional verlaufende Streichrichtung sofort auf. Dieses sich von Ost nach West erstreckende Gebiet ist nicht mit der in Südamerika vorherrschenden Nord-Süd Orientierung der Grundstruktur vereinbar, daher stellt das Amazons Tiefland einen Sonderfall in Südamerika dar (BEURLEN 1970: 20-25). Seine spezielle Streichrichtung stammt von einer starken Transversalverschiebung während des Tertiärs. Hier wurde der nördliche Teil des Tieflandes nach Westen verschoben (BEURLEN 1970: 283). Im dadurch nieder gelegenen Gebiet kam es zur Aufschüttung von Sedimenten. Es entstanden hierdurch flach liegende Sedimentdecken über dem präkambrischen Untergrundgestein. Das Amazonas-Tiefland liegt im Norden Brasiliens und erreicht eine Länge von 3500 Kilometer und besitzt eine Breite zwischen 300 und 1000 Kilometern. Sein heutiges Bild wird maßgeblich durch den längsten Fluss Südamerikas, den Amazonas mit 6448 Kilometern, geprägt. Zahlreiche Flüsse überwinden Wasserfälle und Stromschnellen, bis sie schließlich in den Amazonas müden (BEURLEN 1970: 293ff). Das Relief ist flach mit Höhen von 0 bis 200 Metern (vgl. Abb. 20).

3.3.2 BRASILIANISCHES BERGLAND

Zum Brasilianischen Bergland zählen etwa alle Gebiete Brasiliens, die südlicher als 8° Süd liegen. Hierzu gehört der Nordosten Brasiliens, das Hochland von Mato Grosso, die Region rund um die Hauptstadt Brasilia und der Großteil des Südens des Landes. Eine Ausnahme bildet hier die Region um Rio Grande, die geologisch zu La-Plata-Tiefland gehört. Die Reliefenergie steigt vom Amazonas-Tiefland Richtung Südosten immer weiter an. Sodass Höhenlage von 200 bis 1200 erreicht werden. Spitzenwerte von über 2000 Meter werden in den Küstenkordilleren rund um Sao Paulo und Rio de Janeiro erreicht (vgl. Abb. 16). Die einzelnen jungen Gebirge sind geologisch durch epirogene Hebungen einzelner Bruchschollen entstanden (BEURLEN 1970: 5). Die topographische Kammlinienstruktur, welche sich von Südwest nach Nordost ausstreckt, ist daher das als zufälliges Ergebnis einzelner Bruchschollen anzusehen (BEURLEN 1970: 2f).

LITERATURVERZEICHNIS

BEUERLEN, K. (1970): Geologie von Brasilien. Stuttgart

BLUME, H. (1968): Die Westindischen Inseln. Braunschweig.

FRED, B. (1997): Metallogeny of the Guiana Shild. Denver

FROESE, G; LINDE, H. (2008): Die Dominikanische Republik. Ostfildern

Generalkonsulat der Republik Haiti (1994): Haiti Porträt eines freien Landes. Hamburg

Klett (2007): Haack Weltatlas. Stuttgart

Institut Francais du Petrole (1990): Geological Map of the Caribbean. Rueil-Malmaison

JAMES, K.H. (2009): The origin and evolution of the Caribbean Plate. In: Geological Society, special

publication number 328.

MESCHEDE, M. (1998): The impossible Galapagos connection: geometric constraints for a near-

American origin of the Caribbean Plate. In: Geologische Rundschau 1998 (87): 200-205

MESCHEDE, M. (2002): The evolution of the Caribbean Plate and its relation to global plate motion

vectors. In: TREVOR A.J. (Hrsg): Caribbean geology into the third millennium. Transactions of the

fifteenth Caribbean geological conference. Barbados.

RATTER, B.M.W.; DRÖGE. A.P. (2008): Guyana. Hamburg.

SAHR, W.D. (1997): Ville & Coutryside. Land-Stadt-Verflechtungen im ländlichen St. Lucia ; ein

Beitrag zu einer postmodernen Sozialgeographie der Karibik. Hamburg

WEYL. R. (1966): Geologie der Antillen. Berlin

ZEPP, G. (2002): Geomorphologie. Paderborn

Internetquellen:

Central Intellegent Agency (CIA)(2011): Central America and the Caribbean. Map #802471.
Internet: https://www.cia.gov/library/publications/cia-maps-publications/Caribbean.html
(07.01.2011).

Dever Region Exploration Geologist`s Society (2011): Guiana Shild Geology. Internet:
http://www.dregs.org/abs1997.html (05.01.2011).

Eidgenössische Technische Hochschule Zürich (ETZ); Schweizerischer Erdbebendienst (SED):
Plattentektonik Weltweit. Internet: http://www.earthquake.ethz.ch/education/150_Jahre_
ETH/box_feeder/TektonikPuzzle.jpg (07.01.2011).

Focus online: Erdbeben Karte – Die Karibische Platte ist besonders gefährdet. Internet: http://www.focus.de/reisen/reisefuehrer/lateinamerika/erdbeben-karte-karibische-platte-ist-besonders-gefaehrdet_aid_471814.html (04.01.2011).

Kronen Zeitung: Forscher warnen vor Tsunami in Karibik. Internet: http://www.krone.at/Wissen/Forscher_warnen_vor_Tsunami_in_Karibik-Toedliche_Gefahr-Story-142086 (04.01.2011).

Leibniz-Institut für Meereswissenschaften (IFM-GEOMAR 2010a): Die karibische Flutbasaltprovinz. Internet: http://www.ifm-geomar.de/index.php?id=clip (04.01.2011).

Leibniz-Institut für Meereswissenschaften (IFM-GEOMAR): Modell einer Flutbasaltprovinz. Internet: http://www.ifm-geomar.de/fileadmin/ifm-geomar/fuer_alle/expeditionen/Meteor81-2/Flutbasaltprovinz_RWerner_IFM-GEOMAR.jpg (04.01.2011).

National Sciene Foundation (NSF): The seismotectonic context of Earth's Caribbean tectonic plate. Internet: http://www.nsf.gov/news/mmg/media/images/caribbean_gps4_h.jpg (04.01.2011).

Schweizer Fernsehen (SF)(2010): Vulkanausbruch auf Montserrat: Flughafen geschlossen. Internet: http://www.tagesschau.sf.tv/Nachrichten/Archiv/2010/02/13/Vermischtes/Vulkanausbruch-auf-Montserrat-Flughafen-geschlossen (07.01.2011).

SHUFRO, C. (2007): Audit Reveals Logger's Malfeasance and Certification's Weaknesses. In: Yale's Enviroment School. Internet: http://environment.yale.edu/pubs/loggers-malfeasance/ (06.01.2011).

Spiegel online: Geologische Studie: In der Karibik droht hohe Tsunami-Gefahr. Internet: http://www.spiegel.de/wissenschaft/natur/0,1518,346857,00.html (04.01.2011).

U.S.Geological Survey (USGS): Caribbean Tsunami and Earthquake Hazards Studies. Internet: http://woodshole.er.usgs.gov/project-pages/caribbean/background.html (08.01.2011).